世界五千年
科技故事丛书

卢嘉锡题

《世界五千年科技故事丛书》
编审委员会

世界五千年科技故事丛书

窥视宇宙万物的奥秘

望远镜、显微镜的故事

丛书主编　管成学　赵骥民

编著　沱　江

吉林出版集团｜ＩＣ吉林科学技术出版社

图书在版编目（CIP）数据

窥视宇宙万物的奥秘：望远镜、显微镜的故事 / 管成学，赵骥民主编. -- 长春：吉林科学技术出版社，2012.10（2022.1 重印）
ISBN 978-7-5384-6124-4

Ⅰ.① 窥… Ⅱ.① 管… ② 赵… Ⅲ.① 望远镜－普及读物② 显微镜－普及读物 Ⅳ.① TH74-49

中国版本图书馆CIP数据核字（2012）第156297号

窥视宇宙万物的奥秘：望远镜、显微镜的故事

主　　编　管成学　赵骥民
出 版 人　宛　霞
选题策划　张瑛琳
责任编辑　张胜利
封面设计　新华智品
制　　版　长春美印图文设计有限公司
开　　本　640mm×960mm　1 / 16
字　　数　100千字
印　　张　7.5
版　　次　2012年10月第1版
印　　次　2022年1月第4次印刷

出　　版　吉林出版集团
　　　　　吉林科学技术出版社
发　　行　吉林科学技术出版社
地　　址　长春市净月区福祉大路5788号
邮　　编　130118
发行部电话 / 传真　0431-81629529　81629530　81629531
　　　　　　　　　　81629532　81629533　81629534
储运部电话　0431-86059116
编辑部电话　0431-81629518
网　　址　www.jlstp.net
印　　刷　北京一鑫印务有限责任公司

书　　号　ISBN 978-7-5384-6124-4
定　　价　33.00元

序　言

十一届全国人大副委员长、中国科学院前院长、两院院士

(签名)

　　放眼21世纪，科学技术将以无法想象的速度迅猛发展，知识经济将全面崛起，国际竞争与合作将出现前所未有的激烈和广泛局面。在严峻的挑战面前，中华民族靠什么屹立于世界民族之林？靠人才，靠德、智、体、能、美全面发展的一代新人。今天的中小学生届时将要肩负起民族强盛的历史使命。为此，我们的知识界、出版界都应责无旁贷地多为他们提供丰富的精神养料。现在，一套大型的向广大青少年传播世界科学技术史知识的科普读物《世

　　界五千年科技故事丛书》出版面世了。

　　由中国科学院自然科学研究所、清华大学科技史暨古文献研究所、中国中医研究院医史文献研究所和温州师范学院、吉林省科普作家协会的同志们共同撰写的这套丛书，以世界五千年科学技术史为经，以各时代杰出的科技精英的科技创新活动作纬，勾画了世界科技发展的生动图景。作者着力于科学性与可读性相结合，思想性与趣味性相结合，历史性与时代性相结合，通过故事来讲述科学发现的真实历史条件和科学工作的艰苦性。本书中介绍了科学家们独立思考、敢于怀疑、勇于创新、百折不挠、求真务实的科学精神和他们在工作生活中宝贵的协作、友爱、宽容的人文精神。使青少年读者从科学家的故事中感受科学大师们的智慧、科学的思维方法和实验方法，受到有益的思想启迪。从有关人类重大科技活动的故事中，引起对人类社会发展重大问题的密切关注，全面地理解科学，树立正确的科学观，在知识经济时代理智地对待科学、对待社会、对待人生。阅读这套丛书是对课本的很好补充，是进行素质教育的理想读物。

　　读史使人明智。在历史的长河中，中华民族曾经创造了灿烂的科技文明，明代以前我国的科技一直处于世界领先地位，涌现出张衡、张仲景、祖冲之、僧一行、沈括、郭守敬、李时珍、徐光启、宋应星这样一批具有世界影响的科学家，而在近现代，中国具有世界级影响的科学家并不多，与我们这个有着13亿人口的泱泱大国并不相称，与世界先进科技水平相比较，在总体上我国的科技水平还存在着较大差距。当今世界各国都把科学技术视为推动社会发展的巨大动力，把培养科技创新人才当做提高创新能力的战略方针。我国也不失时机地确立了科技兴国战略，确立了全面实施素质教育，提高全民素质，培养适应21世纪需要的创新人才的战略决策。党的十六大又提出要形成全民学习、终身学习的学习型社会，形成比较完善的科技和文化创新体系。要全面建设小康社会，加快推进社会主义现代化建设，我们需要一代具有创新精神的人才，需要更多更伟大的科学家和工程技术人才。我真诚地希望这套丛书能激发青少年爱祖国、爱科学的热情，树立起献身科技事业的信念，努力拼搏，勇攀高峰，争当新世纪的优秀科技创新人才。

目　录

目录

上篇　望远镜发明的故事

孩儿游戏中的发明

　　1608年，在荷兰的莱茵河与赛蒂河汇合处的广阔土地上，有个约两万人的都市，叫做密特尔波尔哥城。城里有一家普通的眼镜商店，老板叫汉斯。店里各种眼镜琳琅满目，应有尽有，而数量最多的一种是镜片向里凹的近视镜，人们把它称为凹透镜；另一种是镜片向外凸起的远视镜，人们称它为老花镜或凸透镜。

17世纪初期的眼镜可不像现在的眼镜这样，有两条腿可挂在耳朵上，架在鼻梁上。那时的眼镜是将镜片装在一个带柄的小镜框里，用手把眼镜举到合适的距离，透过镜片去看实物；也有的是装在一个小镜筒里，用的时候，用眼睛的上下眼睑一夹，就可以看实物了。现在的修表师傅还是用这种放大镜。

老板汉斯的儿子，聪明、好奇，又有点调皮，总是爱背着大人跟同龄的孩子们玩一些别出心裁的游戏。一天，他同两三个孩子在店门口玩耍时，孩子们忽然想到，戴上眼镜去看东西，一定是很好玩的；要不，怎么那些大人们都戴上一副眼镜呢？于是，他们从店里偷偷地拿出了一些近视眼镜片和老花眼镜片玩。他们拿着镜片，装成一副大人的样子，大摇大摆地透过镜片看前面的景物。

孩子们一会儿用凹透镜片罩在眼睛上，一会儿用老花镜片罩在眼睛上，有的甚至用近视镜和老花镜同时罩在眼睛上，个个都感到好奇、好玩。

有一天，汉斯的儿子又拿着几块眼镜片在玩，偶然把两块透镜一前一后地拉开，并朝着两块镜片重叠的方向看去，只见一个毛茸茸、凸眼睛的怪物，挥舞着前爪向他爬过来。他被吓得失声惊叫起来，扔掉镜片一看，怪物又不见了。惊魂稍定后，他顺着那个方向走向窗棂，看到一只大苍蝇正在搓动两只前爪……

"啊，原来是它在这儿！"

这时，孩子们不再害怕了，争先恐后地用镜片重复做着同样的游戏。

孩子们的喧闹声惊动了老板汉斯。他忍不住探出头去看看。只见儿子和孩子们在玩店里的镜片。他匆匆跑到孩子们跟前，问道："你们在闹什么？"

他的儿子对他说："爸爸，你也来看看，只要把这两块镜片凑在一起，往远处看，远方的东西就在你眼前了。"

汉斯拿起两块镜片一前一后凑在一起，放在一只眼睛前面，向远处的景物看去。果然，远处的行人走过来了，看得一清二楚。

汉斯是个精明的人，他马上想到：这个玩意真妙，只不过是把两块镜片重叠起来，很远的物体就像是近在咫尺，真是奇迹！

当时荷兰正在进行一场反抗西班牙的独

立战争，已经打了40年的仗。

"如果把这玩意儿用到战场上去，敌人看不见我们，我们却可以窥视敌人，侦察到敌人的军事秘密，这样不是就可以打胜仗了吗？"汉斯自言自语地说。

"好，要把这玩意儿装好，献给皇帝，皇帝一定会很高兴的。"

过了数日，汉斯根据孩子们的发现，用一根金属管把透镜安装在管内的适当位置上，制成了一个能看见远物的家伙，并用荷兰语将它称为"Looker（窥器）"。

1667年，约翰·弥尔顿在他出版的《失乐园》一书里，正式把"窥器'写入书中。后来，希腊数学家爱奥亚尼斯·狄米西亚尼建议统一用"望远镜"这个名称（源出于希腊文，意为"在远处看"）。从此，"望远镜"一词便沿用至今。

汉斯把他亲自制作的第一架粗糙的望远镜献给荷兰摩利思皇帝时，皇帝果然十分喜欢，赞扬道："这个发明很不错，有了这个东西，打起仗来，攻守都是好样的。"

皇帝又对汉斯说："你应该绝对保守秘密。"

皇帝赏给了汉斯一大笔钱，他欣喜若狂！

后来，荷兰军队的舰船装上了望远镜，在战争中节节胜利。当时的荷兰最高司令又给了汉斯很大一笔奖金，并要他再生产一种双筒望远镜。

从此，在不少书籍里记载着汉斯曾把望远镜奉献给荷兰政府用于战争的事，使世界各地都知道了望远镜，并且广泛使用它。

军事家将它用于战争，玩具商将它当做摇钱树，传教士将它作为一种妖术骗取无知

教徒们的信赖，天文学家则利用它来观测和

研究天空……

伽利略与望远镜

　　伽利略于1564年2月15日出生在意大利古城比萨（1564—1642）。他17岁时进入比萨大学攻读医学，然而他的兴趣却在数学和物理学上，这正是他后来获得伟大科学成就的基础。

　　伽利略在学生时代，就已经显露出了他非凡的才华和过人的本领。然而，由于他家境贫寒，在大学期间未能读完研究生课程，没有获得博士学位。但他思维能力和研究能力很强，青年时代就取得了显著成果，人们称他为"新时代的阿基米德"。

当他25岁时，被他的母校——比萨大学聘为数学教授，以后又转到帕多瓦大学任教。他表现出多方面的创造性，研究成果很多。他除了在力学上的卓越成就外，还极力推进哥白尼的学说，创造了望远镜天文学，有"天空的哥白尼"之称。

1592年，伽利略离开执教多年的比萨大学，来到威尼斯的帕多瓦大学任数学教授，而他的志趣在于研究天空中的星星。

1609年，伽利略读到了德国天文学家开普勒的著作《新天文学》，他越读越有兴趣，深受启发。

于是，他潜心研究，找到了更令人信服

的证据，并以简单明了、通俗易懂的文字，写成了一本普及哥白尼学说的书。

1609年6月的一天，伽利略从一位朋友那里得知，荷兰磨制眼镜的老板汉斯制造了一个奇怪的"窥器"，用它来观察远处的物体，能看得很清楚。几天以后，他的学生又从巴黎来信，告诉他同样的消息。这个法国学生说，他不知道这仪器是怎样一种结构，但他亲眼看见这架仪器能将远处的物体放大。仪器还可以运用到海上或陆上做侦察工作。

伽利略趁大学放假的机会，着手从事这件有趣的研究工作。他查阅了有关透镜的资料后，便开始设计起来，一边绘图，一边进行数学计算，从傍晚一直干到第二天黎明，终于设计出制造"窥器"的基本方案。

他用玻璃磨制了一块凸透镜和一块凹透

镜，用一根金属管子将两块透镜安装在一定的距离之间，使用一粗一细两管相套的方法来调节两块透镜的距离，以适合观察远近不同的物体和观察者的视力。

"窥器"制造出来以后，伽利略拿来瞄准窗外的一棵树。当焦距调整到最佳位置时，他高兴地发现，这棵很远很远的树，在镜筒里好像伸手就可以摸到一样，还能清楚地辨认出叶片上的脉络和虫蚀的斑点。他又转过身来，将镜筒瞄准教堂的钟楼，远处的钟楼也好像近在咫尺。

虽说"窥器"是由别人发明的，但对伽利略来说也是个创造。然而他对这架只能放大30倍的"窥器"并不满意，想加以改进，使之增加放大的倍数，并且要做得更精致一些。

1609年的夏天，伽利略完全沉浸在"窥

器"的设计、计算、绘图、磨透镜和制管等
工作中。经过不断的努力，一架可以放大60
倍的"窥器"制成了。

伽利略的朋友闻讯而来，纷纷向他表示
祝贺，称赞这是一个很有实用价值的发明创
造。

有人向伽利略建议，应该制造一架送给
威尼斯大公爵，以表示对他的尊敬和感激。
伽利略接受了这个建议。

1609年8月，他精制了一架"窥器"献
给大公爵。大公爵是一个爱才之人，他对仪
器的制造者表示钦佩，对仪器的实用价值十
分重视和赞赏。这位年迈而德高望重的大公
爵还以他个人的名义邀请议员们来参观这个
宝贝，并提出给伽利略以相当的酬劳和荣
誉。

不久，伽利略得到大学董事会的通知，

被聘为帕多瓦大学的终身教授，并将他的薪俸增加了一倍。

如今，伽利略最初制作的两架望远镜还保存在意大利佛罗伦萨博物馆里。

学校开学以后，伽利略只能利用业余时间来改进他的望远镜。造出效能更高的望远镜的愿望，一直鞭策着他去进行新的探索。他常常在茶余饭后思索透镜的曲率与角度，甚至睡觉时也在梦中作图和计算，决心要使望远镜的放大率达到几百倍甚至1 000倍以上。

伽利略患有关节炎，遇到阴湿的天气，关节便阵阵发痛。为了研究和改造望远镜，他经常不回家。由于妻子玛丽娜和孩子们常常见不到他，不久玛丽娜便和他分手了。伽利略把两个女儿送给自己的母亲照看，儿子暂由玛丽娜抚养，生活费由他负担。这个家庭就这样散了。但是，伽利略并没有因此而影响工作，反而更加集中精力和时间去研究和制作天文望远镜。

把望远镜瞄准太空

  伽利略从望远镜里看到了过去不能看到的太空世界，黑沉沉的苍穹上镶嵌着的星星，竟比平常用肉眼观察到的多了上千倍。

  在繁星点点的苍穹上，有一条银色的光带，称为银河。我们太阳系位于银河的边缘上。当时发现有6颗行星（金星、木星、水星、火星、土星和地球）围绕着太阳转动，

称为太阳系。伽利略用他自制的能放大1 000
倍的望远镜，对银河、太阳以及其他几颗行
星一一进行了观测，做着前人从来没有做过
的工作。

当伽利略用望远镜窥探月亮时，他看
见了月亮上那些粗糙的不平坦的月面，看见
了苍古斑斓的山脉，还有无数像火山口一样
的环形山——伽利略把它们比喻为"孔雀羽
毛上的翠眼"，看到了一片片较为平坦的表
面——伽利略将它们称为"月海"。用望远
镜观察可清楚地看到，月亮也是一个球体，
也有像地球一样的不平坦的表面。"天上"
和"人间"原来是同样的世界。

伽利略用望远镜观察月亮时，还看到
月亮的一边因受太阳照射而呈娥眉状和隐约
出现红光的现象，他认为这是"地照"的结
果。他联想到，地球靠太阳光照亮，同样会

发生与月亮相类似的盈缺变化。

伽利略根据在望远镜里看到的月面地形，绘制了一幅月面图。他仔细测量着山脉在月面上投下的阴影，从而计算出这些山脉的高度，并给两座最显著的山脉取名为"阿尔卑斯"山脉和"亚平宁"山脉。

随后，伽利略把望远镜转向了行星。1610年1月7日的夜里，他用望远镜观看木星时，发现在木星淡黄色的圆面附近有3个光点，几乎成一条直线排列着，这些亮点夜复一夜地来回移动，有时向左转过去，然后又向右转回来，始终保持在一条直线上，并且总是在木星的近处。1月13日，他又发现了第4个光点。根据观测结果，伽利略判定这是4个稳定的绕木星转动的小天体，就像绕地球转动的月亮一样。当这消息传出后，德国光学家开普勒把这种小天体称作"卫星"

（源于拉丁语，指那些攀附权贵的人）。从此，这4个小天体被称为"伽利略卫星"。据史书记载，"伽利略卫星"是行星系统中第一批被发现的新天体。1610年3月，伽利略在他的《星星的使者》小册子里，宣布了这一发现，从而震撼了世界。

没过多久，一位德国天文学家西蒙·马里乌斯（1570—1624），也宣称用望远镜看到了木星的卫星，还说他是早在伽利略发现以前就发现了的。然而，多数人倾向于伽利略而不支持马里乌斯。但是这些卫星的名称至今仍沿用马里乌斯当时的命名，即以古代神话故事里的神名分别取名为爱奥、欧罗巴、加尼梅德和卡列斯托。

伽利略断言，地球是带着自己的卫星——月亮而绕太阳运动的，从而否定了过去认为只有地球周围才可能有天体绕着运转的托勒玫学说。

伽利略的发现给他带来了极大的荣誉，并因此而获得一个俸禄优厚的闲职。托斯坎尼的大公爵委任他为宫廷数学家和哲学家，并兼任比萨大学数学教授。

1610年7月，伽利略把望远镜转向观察土星。他发现土星有一个匀称的光环，是一个很美丽的天体。它像木星一样，是个很小的球体，与地球相距十分遥远，而且土星两侧似乎还有更小的星体，仿佛是一个三重天体。他继续观测时又发现，两侧的物体有时很明显，有时又隐隐出现，到1612年再次观察时，却完全消失了。他认为这是土星旁的两颗小星。1616年，伽利略又见到了它们，但始终不知道它们究竟是什么东西。直到半个世纪以后，荷兰科学家惠更斯才解释了土星光环隐现的秘密。

1610 年 8 月 10 日，伽利略开始观测金星。发现金星有位相，有时像圆球，有时像半个圆球，有时像弯月。经过几个月的观察、研究，他发现金星的位相变化同月亮一样，说明金星同月亮一样是个不发光的天体，完全是靠反射太阳光才发亮的。

伽利略在望远镜里发现了金星的盈缺变化现象后，认为还需要再观察一段时间，所以不想立刻公布这一成果。但他又怕别人夺去这个发现权，于是想了一个聪明的办法，把自己的发现编成一句简单扼要的话，然后把这句话的字母打乱排列，使人看起来是毫无关联的话语。

这样一来，美国印第安纳大学的历史学家理查德·韦斯特福尔便怀疑起伽利略发现金星的真实性和可靠性了。

不同意韦斯特福尔见解的人认为，伽利

略只是因为怕别人有可能捷足先登而急于宣布自己的发现而已。

1610年底，伽利略开始观测太阳。他在太阳接近地平线或太阳光被浓雾遮蔽时进行观测，这有可能是他晚年失明的重要原因。1611年，伽利略发现了太阳上有黑点。他发现太阳的黑子在西边缘时运动很缓慢，而趋近日面中心时运动速度不断加快，当移向东边缘时，又逐渐变慢了。他根据黑子在日面上的位置变化情况，判断出太阳的自转周期约为28天。

望远镜带来的天文发现轰动了欧洲，它给哥白尼学说提供了新证据，使天文学家有了敏锐的眼睛，从而促进了天文学的迅速发展。可以说，使用望远镜的最初几年的天文发现，就比人类用肉眼观测几千年的成果还要多得多。但教会的御用学者们却不断地进行诅咒和攻击，骂望远镜是"渎神的玩具"，说伽利略的发现是"眼睛的错觉"、"丑恶玻璃片的光反射"……可是，伽利略却被人们誉为"天空的哥伦布"。

开普勒改进望远镜

开普勒（1571—1630）出生在德国南部，他自幼视力就受到损坏，没法成为一个天文观测家。但他一生却能凭借"别人的眼睛"去实现科学的发现，并在光学理论和光学仪器研究方面作出了重大的贡献。

开普勒认为，伽利略虽然是第一个用望远镜来观察天空的人，在望远镜的制造上也作出了不可磨灭的贡献，但伽利略的望远镜基本上同荷兰眼镜匠制造的望远镜没有什么两样，都是由一块凸镜片作物镜、一块凹镜片作目镜组合而成的，在物理学上这称为折射望远镜。

用早期的折射望远镜观察发光物体时，镜筒里往往出现一种五颜六色的环，影响了望远镜的清晰度。这种彩色的环被称为色差。它是怎样产生的呢？开普勒研究后发现，这种望远镜的两个球状的透镜，理论上要求研磨得很均匀，事实上这是很难做到的。因此，光通过这种不均匀的球面时，不能聚集到一点上，从而形成了色环。

产生色差的原因找到了，开普勒便着手研究解决的办法。他发现人的眼睛也是一块透镜（晶状体），但它并不是球面，而是一个复杂的表面。人的眼睛看任何物体时，并不会产生色差，因此不会影响观测目标的清晰度。这对开普勒是个很大的启示，他建议用复杂表面的透镜来代替球面透镜。

自开普勒提出用非球面透镜来代替球面透镜的设想以来，经过了整整一个世纪的时间，仍然没有人能实现，因为非球面透镜太难磨制了。后来，开普勒也放弃了这一设想，改为设计制造一架长镜筒的望远镜。他把望远镜的目镜改为一个小凸透镜，把长焦距的透镜和短焦距的透镜配合在一起，这就好比给放大镜"戴上一副眼镜"。它的放大倍率同样按物镜和目镜的焦距之比来决定，但成像是倒立的。这对天文观测来说，没有什么坏处，而优点却非常突出。

经过开普勒改革后的折射望远镜——"开普勒式"望远镜，具有广阔的视野，再加上"十字丝"装在物镜成像的地方，可以用来测量恒星的位置，能用高放大倍率观测地面物体和天文星体，所以这种望远镜的实用价值很大。

1645年，波希米亚天文学家安东·玛丽亚·谢尔勒提出，如在开普勒望远镜的基础上，再添加一组附加的透镜，可以把颠倒的像再颠倒过来。现在，这种装置仍被用于望远镜瞄准器和工程经纬仪等地面设备上。而现在用作天文观测的"开普勒式"望远镜，并没有附加这种装置，所以看天体的图像时仍是颠倒的。

意大利天文学家弗朗西斯科·冯他纳（1600—？）首先使用开普勒望远镜观测行星。他从1640年起进行了一系列的观测，看见了木星上的横带和火星上模糊不清的斑纹。当时，用伽利略制造的望远镜只能辨认出木星的4颗卫星，而用开普勒望远镜却能看见它们在木星表面被太阳照亮时投下的影子，木星上被这些卫星遮掉阳光的部分是黑暗的。这个事实证明木星也像地球、月亮和金星一样，是一个黑暗的、全靠太阳光发亮的天体。

当时，用开普勒望远镜观察木星、火星和金星，获得的精度比伽利略望远镜观察的详细得多，证明了它们也是普通的行星。

开普勒望远镜的特点是物镜与目镜之间的距离很长，在它问世后的100年间，这种望远镜又变得更细更长了。在此后的日子里，天文学家们又竞相制作出更大更精密的仪器，使望远镜变得又大又笨重了。

更长更大的望远镜

　　为了克服折射望远镜出现彩色环的缺点，制造者把望远镜的镜筒造得长而又长，而且有越来越长的趋势。

　　荷兰天文学家克里斯蒂安·惠更斯（1629—1695）是长镜身望远镜的先驱。惠更斯和他的弟弟喜好研磨透镜，他们在荷兰犹太哲学家本尼迪克特·斯宾诺莎的帮助下，于1655年造出了第一架能放大50倍的长望远镜。物镜直径5厘米多，镜身长约3.6米。

为了检验新磨制的透镜，他们对当时已知最远的行星——土星进行了观测，从而获得了对土星卫星的新发现。

以前，伽利略和他的继承者观测土星时曾发现，土星两侧似乎各有一个茶杯把手状的影子，但谁也没有弄清楚这到底是什么东西。

1655年3月25日，惠更斯发现了土星附近有颗恒星状的天体，经过一连几个月的跟踪观测，1656年，他宣布发现了一颗土星的卫星，每16天绕土星转动一周。后来，这颗卫星被命名为"泰坦"。

用这架望远镜，惠更斯还研究了猎户座大星云，并在它那云雾状的物体中发现了恒星。此后，惠更斯继续制作优质望远镜，透镜更大了，镜身更长了。最后，他造了一架长达37米的望远镜，当他用这架又长又大的望远镜观察土星时，发现了土星被一层又薄又平的光环包围着。

惠更斯的成就，激励了天文学家赫韦吕斯，他于1673年制作了一架镜身长达46米的望远镜。这是一件笨重的珍品，金属镜筒重得无法操作。没有办法使用，赫韦吕斯只好把它捆在同样长的木杆子上，以便固定透镜的位置，数十人用绳子使它升降起落。空气中湿度的变化、木头的变形以及绳子的伸缩等因素，都给天文观测带来了预想不到的困难。

后来，惠更斯干脆用省去镜筒的办法，把两块透镜——物镜和目镜分别吊在两根高高的杆子上，在两块透镜之间，用绳子把它们拉紧和对准进行观测。这种没有镜筒的望远镜，被称为"悬空的望远镜"。但由于周围杂乱的光线射入太多，难以形成清晰的物像，因而效果不好。

在相当长的一个时期内，长镜身望远镜一直是研究天体的主要工具。

1722年，英国天文学家詹姆斯·布雷德莱（1693—1762）曾使用65米长的望远镜。法国人亚德里安·奥佐（1622—1691）曾设想制作一架长达305米的望远镜，后由于未能攻克一些光学上的问题而被搁置下来。

17世纪中期，意大利天文学家基奥范尼·多明尼科·卡西尼（1625—1712）得到了一架高倍率的长身望远镜。他集中精力去观测木星和土星。

1664年，他发现木星表面有一个略带圆形的斑点。1672年，他绘制了一幅木星图，图中第一次标上了这个斑点。英国天文学家罗伯特·胡克（1635—1703）用一架高倍率的望远镜也于1664年发现了这个斑点，当时人们把它称为"胡克斑"，现在一般称它为"大红斑"。

利用望远镜观测天体，一个最有趣的发现就是证实了太阳、月亮、水星、金星、火星都是圆球形的天体，而木星和土星则是椭球状的天体。用望远镜跟踪这些天体的运动，其运动轨迹都是呈椭圆形的。

后来，卡西尼在法国定居后，继续用越来越长的望远镜对土星进行研究。他用一架长达41.5米的望远镜，又发现了4颗土星的卫星。

1675年，卡西尼发现土星上的光环实质上是两个环，中间隔着一条暗缝。这条暗缝至今仍被称为"卡西尼环缝"。

卡西尼不仅研制了超长型的望远镜，而

且还研制了一些望远镜的附件。这些附件装到望远镜上以后，可大大增加望远镜的清晰度以及方便定方位和测角等。

克拉克与霍尔功成名遂

　　折射望远镜的色差问题，困扰了天文学家100多年。有的科学家悲观地认为根本没有办法能够消除色差，因为它是白光经透镜折射后所固有的。但也有人提出了怀疑。苏格兰的数学家格雷戈里（1661—1708）指出，人眼也可算是一个透镜，人们看每一件东西都非常清晰，是没有色差的。其原因可能是人眼内除了眼球的折射效应之外，还有许多液体对光产生折射，正好使各种折射的差别得到补偿，产生消除色差的效果。

英国数学家穆尔·霍耳（1703—1771）发现，火石玻璃（含有铅的成分，是一种密度大、透明度高、耐用的玻璃）与普通玻璃有不同的折射率。1733年，霍耳决定用普通玻璃做凸透镜，用火石玻璃做凹透镜，并使它们相吻合。为了不泄露消息，他交给两个厂家分别磨制。但不幸的是，这两家厂商都把这个任务交给乔治·巴斯去完成。因此，当霍耳设计的口径6.5厘米、焦距50厘米的消色差折射望远镜制成以后，这个秘密早就传开了。光学仪器商多洛德从乔治·巴斯那里打听得来这一发明之后，便着手磨制这种消色差折射望远镜。1757年，消色差折射望远镜公开生产，正式为天文观测服务。

美国马萨诸塞州的阿尔万·克拉克
（1804—1887）早年从事画人体肖像，但十
分酷爱天文学。他很希望自己能够磨制出一
块好透镜，用在望远镜上。但他的磨制技巧
差，懂得的也并不多，于是恳求天文学家邦
德，让他参观一下38厘米长的折射望远镜。
邦德同意了。克拉克仔细地研究了邦德制造
的望远镜性能，检测了它的误差以及理想状
态下的微小偏离。

　　克拉克回到家里，关闭了他的画室，专
心致志地研究如何磨出一块好透镜来。经过
几年的艰苦努力，他终于磨出了一块直径20
厘米的优质透镜。但因为没有人相信他的透
镜质量，结果无法卖出去。

　　一天，克拉克把这块优质透镜安装在
自己制作的望远镜里。镜中出现了清晰的
图像，分辨率很高。英国天文学家威廉·拉

特·道斯称赞克拉克磨制的透镜质量好，便买了他的几块透镜，其中一块装在哈金斯的望远镜上。后来哈金斯在光谱方面的大部分开创性工作，都是用克拉克的透镜做出来的。

克拉克制作透镜出名之后，1859年被道斯邀请去了伦敦。后来，道斯又把他介绍给天文学家罗斯和约翰·赫歇耳等人。克拉克的精湛技艺受到天文学界的好评和尊敬，从此他的生意兴旺起来了，在两个儿子的帮助下，开设了一家专门制造透镜的工厂。

1860年，密西西比大学校长巴纳德，要买一块直径47厘米的透镜来装配一台美国最大的折射望远镜，决定向克拉克订货。克拉克父子承接了这项任务，于1862年磨成了两块这样的透镜，把它安装在一个简易的架子上。小克拉克将镜筒对准天狼星，发现了天狼星附近的一颗微小光点，这是以往高倍镜也没有发现的光点。专家们再三观测，研究这究竟是透镜上的瑕疵，还是真的有光点，结果证实了天狼星附近有一颗暗淡的伴星。

这个发现使克拉克得到了一枚法国科学院的奖章，这块透镜也因此而出了名。后来，这块透镜被运往芝加哥，安装在芝加哥大学迪尔伯恩天文台的一架望远镜上，长期成为美国天文学家乔治·华盛顿·霍夫（1836—1909）观测研究的工具。

1870年，克拉克父子又接受了美国海军天文台耗资5万美元，制造最大、最好的望远镜的新任务。几年之后，美国海军天文台折射望远镜成功地安装起来了，透镜跨度达66厘米，重45千克。该台的天文教授阿萨夫·霍尔亲自测试了这块透镜的性能。

阿萨夫·霍尔本来并没有受过什么正规教育，他从小没有父亲，十来岁的时候就在木器作坊里干活，以养家糊口。但霍尔自幼喜爱天文观察，这个欲望驱使他刻苦自学。1857年，他设法到哈佛天文台成了邦德的助手，每周薪俸3美元。到1863年，霍尔已充分显示了他的才能，被任命为海军天文台的天文教授。

1877年恰好是火星距离地球最近的一年。世界上所有的望远镜全都指向火星，都想观测火星是否有卫星。当时已知土星有8颗卫星。木星和天王星各有4颗卫星，海王星有1颗卫星，地球有1颗卫星。金星和水星由于离太阳太近，很难观察它们的状况，而要观察火星一般没有什么困难。在半夜时分，火星被太阳照射的反射光投向地球，就可以完全显出它的形态，因而天文工作者探测它的热情很高。

然而，要探索火星是否有卫星也并不

是一件容易的事。因为长期以来一直没有发现，即使是有也可能很小，或者很接近火星本身，在火星的强烈反光下，很难被发现。

1877年8月初，霍尔用美国海军天文台的望远镜搜寻火星的卫星。他系统地从外向内朝火星表面进行观察。8月11日，他把望远镜瞄准火星附近和火星本身，火星的光焰干扰着他的观测，使他几乎决定放弃搜寻的愿望。

次日晚上，霍尔决定再作最后的搜寻。就在这个晚上，他在火星附近发现了一个微小的运动着的光点，可是一朵云彩飘然而至，视线被挡住了。他苦苦地一连等了5个夜晚，都没见好天气。8月16日，一个晴朗的夜晚，他举目从望远镜里看去，终于发现了一颗在火星旁边的卫星。次日晚上，他又发现了另一颗卫星。霍尔根据古代神话传说，以福波斯和德莫斯来命名这两颗卫星。

近一个世纪以来，许多人根据天文观测的结果，认为既然在火星上有运河、有绿洲，纷纷预测火星上会有生命，可能存在火星文明。英国作家威尔斯于1898年出版了《大战火星人》一书，书中描述火星人入侵地球，为的是寻找一个更有朝气、水源更充足的家园。这是第一部描述星际战争故事的小说。

折射望远镜之巅

　　19世纪，由于克拉克父子制造大型折射望远镜的成功，激起了欧洲制镜业的发展，纷纷出现父子公司、兄弟公司或合伙制镜工厂。

　　在法国，保尔·皮埃尔·亨利和普洛斯贝尔·马蒂厄·亨利兄弟二人，于1891年制作了一块直径62厘米的透镜，用于制造一架大型的折射望远镜。

在爱尔兰，托马斯·格拉布和他的儿子霍华德·格拉布于1893年制造了一块直径71厘米的透镜，超过了克拉克当年磨制的透镜尺寸。

金融家詹姆斯·里克，1849年在加利福尼亚黄金热期间赚了一笔钱，渴望拿出一些钱来使自己的名字流芳百世。

此人对于天文一窍不通，对天文望远镜更是一无所知，但是他涉猎了一些鉴赏天体的知识。他在1874年宣称，要拿出70万美元造一架世界上最大最好的天文望远镜。

他委托克拉克父子研究，最后决定制造一架透镜直径达91厘米的折射望远镜。

克拉克父子从购买这种大型优质玻璃、琢磨表面功夫就花了好几年时间，但由于材料质量有问题，他们没有成功。小克拉克不得不重新到巴黎去采购优等玻璃原料。经过14年的艰辛劳动，他们终于制成了这块透镜，并于1888年1月3日在加利福尼亚州北部的天文台首次起用。而老克拉克却于这架望远镜起用前离开了人世。

里克也于几年前就去世了，但他的名字却留下来了，并得到很高荣誉。后来，望远镜被命名为"里克折射望远镜"。

天文台的专家们把这架望远镜对准火星，开始时发现清晰度很差，后来经过调整后性能很好。

爱德华·埃默生·巴纳德（1857—1923）在1892年用它来观察木星时，发现了木星的第5颗卫星。

这一发现，应归功于里克折射望远镜的优越性能及巴纳德的观测能力，因为这颗卫星很小，比伽利略早年发现的4颗土星的卫星要小得多，而且距离木星太近，发现这样小而暗的天体是很困难的。

不久，美国天文学家乔治·埃勒里·海尔（1868—1938）迫切需要一架大型望远镜。海尔是刚刚成立的芝加哥大学的一名物理学助理教授，他找到芝加哥金融家叶凯士赞助这一项目，叶凯士答应投资349 000美元。

1895年10月，小克拉克将101厘米直径的透镜磨制出来了。它重达230千克，装在一架长度超过18米的镜筒里，整个望远镜重达18吨，但它极为稳定，能随意转动观测天空的任何区域。

1897年5月21日，这架新的折射望远镜首次起用，而小克拉克就在此后3周去世了。

从伽利略到克拉克近3个世纪的时间里，折射望远镜以集光力强、贯穿本领大、成像清晰而发挥越来越大的作用，至今仍然是世界上主要的天文观测仪器。

牛顿试制反射望远镜

　　17世纪中叶，有人提出使用反射望远镜来观察天象，但这只是纯理论方面的探讨，并没有付诸实际行动。因为17世纪的折射望远镜的图像外会产生五彩缤纷的色环，破坏了天体的真面目，使科学家们伤透了脑筋。为了克服这一缺陷，折射镜的镜筒变得越来越长，使用起来很不方便。直到半个世纪以后，英国科学家伊萨克·牛顿才解决了这个问题。

牛顿想到，光的透射特性决定了色差的产生是无法避免的，由于色差是各色光通过透镜后发生分解所引起的，因此，他考虑使光线不进入镜片内部，只让光在凹面镜表面反射后聚焦成像的办法来加以解决。

第一个尝试造反射望远镜的是詹姆斯·格雷戈里。1663年，他提出利用两面反射镜（一面主镜，一面副镜）的方案，即用一个抛物面做主镜，用一个椭球面做副镜，以一举消除球差和色差的缺陷。但没有一个光学家能够精确地磨制出这样的镜面，因而这种望远镜没有制造出来。尽管如此，专家们还是认为他的方案在理论上并没有错。

1666年，牛顿尝试用非球形的镜面来制造反射望远镜，同样未能成功。后来，牛顿研究克服色差缺陷的另一种办法。牛顿认为，白光通过棱镜后会分解成红、橙、黄、绿、青、蓝、紫7种颜色的光，而7种颜色的光直接反射是不会产生色差的。因此，他开始研制靠反射成像的反射望远镜。

1668年，牛顿亲手制作了第一架反射望远镜，镜筒长约15厘米，虽然体形上比那些瘦而长的折射望远镜小巧得多，且图像清晰，但是只可以放大40倍。1672年，牛顿又制造了第二架反射望远镜，主镜口径为5厘米，性能很好。他把它赠送给英国皇家学会，至今仍被保存着。

反射望远镜以短小的镜身、高质量的成像，赢得了天文学家的青睐，很快得到广泛的普及。在反射望远镜的发展过程中，特别要提及的是英国的天文学家赫歇耳（1738—1822）。他原是一位音乐家，业余天文爱好者。1774年，他磨制出口径15厘米的反射镜，可放大40倍。1781年3月，他用这架望远镜发现了天王星，成为天文学上的一次重大发现，因而一举成名，从此成了一位专业天文学家。赫歇耳于1789年又制成了一架口径122厘米、长12.2米的反射望远镜。这是当时世界上最大的望远镜，并保持了半个世纪的冠军地位。

后来，英国的罗斯伯爵制成了口径为180厘米的巨型反射望远镜。为了安装牢固，只好把镜筒放在两堵墙之间。1908年底，威尔逊山天文台安装了一台口径为153厘米的反射望远镜，其口径虽然稍小，但镀银的表面能反射65％的入射光，所以效果要比罗斯制作的强得多。1915年，亚当斯（1876—1956）用它拍摄到了天狼伴星的光谱，证明它是一颗白矮星。此后，海耳又制造了一架口径超过200厘米的反射望远镜。

1918年，一架镜面直径为254厘米的反射望远镜诞生了。它用了最新的镀铝技术，反射率达82%。整个望远镜重90吨，但操作方便，性能良好，成为当时世界上最大的反射望远镜，安装在威尔逊山天文台。这台望远镜的诞生过程相当曲折：洛杉矶一位商人叫胡克，他想把他自己的名字与世界最大的反射望远镜联系起来，愿意出资相助。他一次又一次地增加款额，努力使镜面加大。镜面的玻璃坯是法国一家玻璃厂提供的，由于镜面太大，抛光十分困难，同时在此期间爆发了第一次世界大战，诸多因素使这架反射望远镜的制作时间一再延长。为了纪念胡克的功劳，这架反射望远镜被命名为"胡克望远镜"。

1929年，海耳从石油大王洛克菲勒那

里获得了一笔基金，开始制作口径为508厘米的反射望远镜。在漫长的加工过程中，共用掉30多吨磨料，成型后镜面总重14.5吨，镜筒重100吨，镜体可转动部分重量为530吨。由于第二次世界大战延误了制作工期，到1948年6月3日，人们才为这架巨型反射望远镜举行了揭幕典礼，然而海耳却不幸于10年前与世长辞了。这架海耳望远镜能观察到大约$3×10^{22}$千米外太空的类星体。为了纪念海耳的功绩，在帕洛玛天文台门厅的中央，端放着一尊海耳的半身塑像，铜牌上写着：

"这架5.08米的望远镜以乔治·埃勒里·海耳命名，他的远见卓识和亲自领导使之变成了现实。"

1969年12月，威尔逊山天文台和帕洛玛山天文台合并，改名为海耳天文台。

用一块固定的偏转45°的平面镜作副

镜，让它把物镜光轴折转90°，使光线从镜筒壁上的小孔内射出，再用目镜加以放大后进行观察，这就是所谓"牛顿式光学系统"。由于反射望远镜完全消除了色差，很适合于天文观测。直到今天，许多天文爱好者自制望远镜仍然喜欢采用这种形式。

目前，世界上最大的单镜面反射望远镜口径为600厘米，安装在高加索俄罗斯科学院专门天体物理天文台里。由于质量存在一些问题，这台望远镜自1976年起用以来，取得的成果并不显著。

赫歇耳的名字永放光芒

　　赫歇耳出生于当时英王乔治二世统治下的德国汉诺威。1757年，他为逃避被拉去汉诺威充军而迁入英国，先在英国的利兹、后在巴思当音乐教师。但他对数学和光学很感兴趣，渴望自己拥有一架望远镜观测宇宙。由于他经济窘困，没有钱买这昂贵的仪器，便先购得透镜，把它装到老式的镜筒中去，

结果效果不好。租用别人的反射望远镜，效
果也不满意。于是，他除了自己制造望远镜
外，别无出路。

1772年，赫歇耳把他妹妹卡罗琳从汉诺
威接来，自己则专心致志地磨镜。据他妹妹
说，有一次他一口气磨了16小时，由她喂他
吃饭。他还试用铜、锡合金等磨制反光镜，
比牛顿制作的合金性能要好。

1774年，他制造出了自己的第一架反
射望远镜。这台铜、锡合金反射镜直径15厘
米，可放大40倍。他用这架望远镜，看见了
猎户座大星云，看到了土星的光环。第一次
获得的成功，使赫歇耳决心再制造一架更大
更好的反射望远镜。

他磨了一块直径22.5厘米的反射镜，将
它装入3米长的镜筒中，性能效果很好。接
着，他又制造了一块直径45厘米的反射镜，

将它装入长6米的镜筒里，功夫不负有心人，他又获得了成功。

赫歇耳用自己制造的反射望远镜，系统地观测了一个又一个天体，新的发现层出不穷。他观察了月球上的山脉、太阳的黑子、恒星亮度的周期性、火星的极冠等，并分别写出了若干篇论文。他第一个注意到火星轴的倾斜角度与地球相似，断定火星的四季变化与地球是相似的。

1781年3月13日，赫歇耳用很小但很出色的仪器，偶尔发现了一个天体。这是一颗距离太阳28亿千米以上的行星，使太阳系的宽度比前预测的增加了两倍，这在当时是个很了不起的发现。有些天文学家提议将这个新天体命名为"赫歇耳"，以表示对发现者的敬意。但素来新天体是以神话中的神名来命名的，因此，它最终被命名为"乌刺诺斯"（即天王星）。

天王星的发现，轰动了全世界。英国皇家学会立即推选赫歇耳为皇家学会会员（最显赫的学术荣誉），并颁发了科普利奖金。赫歇耳从此成为一个著名的天文学家。1788年，他娶了一个有钱的寡妇为妻，这对他的生活和事业帮了不少忙。

赫歇耳对天王星的发现，对学术界的震撼持续不断，直到25年后仍余波未散。英国诗人约翰·基茨在他的书中写道："于是我感到像一个天空的守望者，正看见一颗新行星游进了自己的视野。"

很高的声誉一直激励着赫歇耳。1786年，赫歇耳决定制造一架口径为122厘米的望远镜，装入12.2米长的镜筒里。英王乔治三世慷慨解囊，拿出2 000英镑资助制造这架庞大的仪器。在赫歇耳的指挥下，40个工人参加制作，终于于1789年把这架巨大的望远镜竖立起来了。它像一尊大炮那样对准天空，赫歇耳亲自爬入镜筒里去，寻找目镜和物镜的焦点，坐在镜筒里进行操作。

但是，这架口径122厘米的反射望远镜比较笨拙，需要赫歇耳与两位助手一起转动才能操作，青铜反射镜又易受腐蚀，需要经常抛光、擦拭才能保持镜子的亮度和反射能力。

赫歇耳制造的这架反射望远镜，被称为"赫歇耳式反射望远镜"。他改变了牛顿的设计，使主镜倾斜，观察者可以倚在筒口边俯视物像。由于省去了副镜，这就减少了磨镜的工作量，但必须安放在地势很高的位置上进行观察，因此观测者必须忍受冬夜的严寒和冒着被摔下来的危险。

在赫歇耳看来，对于他制造的望远镜，

最为满意的是那架51厘米的反射望远镜。后来，他用那架望远镜于1787年还发现了天王星的两颗卫星。

1822年，83岁高龄的赫歇耳与世长辞了。在他去世后，他的儿子约翰·赫歇耳继续举起他父亲制造的反射望远镜，探索太空的奥秘。1834年，小赫歇耳带着那架他父亲制作的口径为61厘米的反射望远镜到了南非好望角，在那里工作了4年。他继承和发扬了父亲的科学精神，将南天扫视了一遍，研究和描述了将近2 000颗双星和2 000个星云。

罗斯要超过赫歇耳

　　19世纪中期，研究天文望远镜的竞争，仿佛就像是英国和德国之间的"战争"。一位英国天文学家继承了反射望远镜的事业，决心要超过赫歇耳。这位天文学家就是威廉·帕森斯·罗斯（1800—1867）。

　　罗斯的家在爱尔兰，拥有领地，是一位伯爵富豪。1822年他毕业于牛津大学，在议会呆了12年。1841年，他继承了父亲的爵位，成为第三代罗斯伯爵。1845年又在上院取得了一个席位。因此，罗斯算是一个有名望的贵族天文学家。他的兴趣是要制造世界上最大的望远镜，并在他家的土地上建立望远镜基地。罗斯有许多方便条件，例如，资金充足，时间宽裕，有专业技术，而且助手又多。

然而，罗斯毕竟没有制镜的实际经验。他首先遇到的困难是不知如何去制造出大块而没有裂纹的金属反射镜。因为前人并没有公开他们的制镜技术，他必须自己摸索，从零开始。于是，他潜心进行研究，花费了5年时间去钻研。开始尝试用铜锡合金，但这种合金太脆，易碎裂。后来他想出新的解决办法，把镜子分小块铸造，然后用焊和铆的方法，把小块镜面拼镶起来，最后将锡熔化在镜面上浇上一层锡，使之成为反射镜。

罗斯制镜很有恒心，一干就是17年。他先后成功地制造了口径为38厘米、61厘米和91厘米的反射镜。

1840年，他设计了一架口径为91厘米的反射望远镜。从本质上来说，这些都是牛顿式的望远镜，并没有什么创新，但它们更精确了，因为罗斯改进了望远镜的结构装置，从而避免了观测者的体温对仪器的影响。而且在磨制镜面时，他把镜浸泡在恒温的水中进行研磨，并用一架小的蒸气引擎来带动磨镜工具。

尽管爱尔兰中部的气候条件恶劣，空气温差大，温度不均匀，在一定程度上影响了制镜的精度。罗斯制出的这架口径为91厘米的反射望远镜，比起赫歇耳那架口径为122厘米反射望远镜，使用起来要方便得多。

初步取得的成功激励着罗斯去制造更大的望远镜。1842年，他着手铸造一块大的反射镜，其直径为184厘米，等于一个高个子男人的身长，相当于赫歇耳那架望远镜口径的1.5倍、镜面面积的2.25倍。罗斯从1842年4月13日动手铸造，仅冷却这道工序就花了16个星期。不幸的是，这块大镜磨好后，刚要装到镜筒上去时竟然破裂了，罗斯不得不重新开始。他坚忍不拔，从不灰心，直到第5次铸造才获得成功。

新制出的反射镜重3.6吨，要把它装到镜筒里去，当然是很费力气的事。

1842年的年末，罗斯用厚木板制成了望远镜筒，并用铁箍加强，镜筒长17米，直径2.4米。为了避风，镜筒安放在两堵高墙之间，每堵墙宽达22米，高17米。墙是南北向的，镜筒夹在两堵墙之间，倒是挺安全的，但是它被限制在南北方向，不能有大角度的转动，只能沿着地球南北两极方向（子午线）观测。

1845年2月，这架望远镜开始调试和正式使用。

为了能取得突破性成果，罗斯用这架超大型的反射望远镜观测各种星云，观测到别的望远镜没有看见过的星体，看见了别人没有看清楚的星体特征。1845年，他第一次发现了"螺旋星云"。5年之后，他又发现了14个螺旋星云。1848年，罗斯发现天空中有一个形状不规则、云雾状的星云斑块，好像一只螃蟹周围有许多的脚一样，他把它称作"蟹状星云"。这个名字一直沿用至今。

罗斯为制造这架184厘米的超大型望远镜共用了3年时间，耗资12 000英镑。从技术角度来看，它是一架出色的仪器，人们称它为"列维亚森"。但由于当地气候恶劣，加上观测视域不能远离子午线，因而操作不够方便，所以几乎没有取得突出的成果。

罗斯花费重资制造的这架"列维亚森"望远镜，使用了60年。1908年即罗斯死后41年，它已变得摇摇欲坠而被拆卸了下来。

后人评价罗斯进行的这一冒险事业时，肯定了他的胆识和公开技术资料的胸怀，同时指出了在选点和安装设计上的失误。

弗朗赫费的贡献

　　在整整一代人的时间里，无论是赫歇耳还是罗斯，他们的大型望远镜的反射镜，都是用金属合金做镜面的，因而使光洁度经常受到影响。要提高望远镜的质量，有人又重新考虑到使用玻璃材料，因为它根本不需要抛光。这样，折射望远镜又可能重新登上舞台，在天文观测上再显雄风。

瑞士的手艺匠皮埃尔·路易斯·吉南德
（1748—1824），青年时做过木匠，后来改
行做钟架、钟铃等手艺活。他在同金属打交
道的过程中，发现在熔化两种以上金属时常
搅动熔浆，冷却后就可以获得一种均匀的合
金。后来，他对制造玻璃很感兴趣，但缺乏
这方面的知识，于是他自学化学。1798年，
他开始熔制玻璃，并加入不同的重金属搅拌
做试验，一干就是好几年，终于制造出前所
未有的、质地特别均匀的玻璃，这种玻璃对
光的折射性能也很好。

吉南德利用这种玻璃，尝试制造直径为
10厘米的透镜，成功之后便正式生产直径为
13厘米的透镜。他在玻璃熔化时混入一些重
金属（如铅），经过适当的搅拌，这些重金
属成分均匀地分布到玻璃熔浆中，用它来制
造透镜，可以避免产生色差，即不出现色环

的现象。

为了争取社会力量的帮助，吉南德于1807年加入德国光学公司，与青年光学家约瑟夫·冯·弗朗赫费（1787—1826）合作试制各种透镜。

弗朗赫费改进了吉南德的方法，制造出的玻璃更适用于望远镜透镜。他首先造出了一块直径为24厘米的优质透镜，安装在一架长4.3米的镜筒里。这架望远镜最初安装在俄国多尔巴特天文台，后来迁去圣彼得堡以南的普尔科沃天文台。

这架望远镜装在一根轴上，可以上下移动，轴又装在一个轮子上，可以在水平面内转动方向，所以用起来很灵便。另外还可以沿南北方向上下调一定的纬度，然后固定位置，工作时靠钟表机构带动缓慢地移动，使之正好与地球的自转同步。这样，如观测在天空中东升西落的恒星，可以自始至终让望远镜的焦点对准恒星来观望。

弗朗赫费除了制作出优良的透镜和精致的望远镜装置外，还在每架望远镜上都装备了一台微小的动丝显微镜，用来放大所测得的各种数据，从而提高了望远镜的精密度。

这里还要提到一位德国著名的天文学家白塞尔。他为了测量出恒星之间的距离，需要一种新型的仪器。由于他要求测量出高精确度的数据，于是想对英国人制造的仪器加以改造，他把这项工作委托给弗朗赫费去完成。弗朗赫费设计了两个半块的透镜，用一个精密的螺旋调节，螺旋与标尺相连，再用一个小显微镜读出标尺上的刻度。可惜弗朗赫费没有完成制作任务就于1826年逝世了，年仅39岁。后续工作由别人去做，于1837年完成。白塞尔用它去观测恒星的位移，获得了成功。

这里还要介绍人们一般常见的两种望远镜：一是歌剧望远镜，这是一种最简单的双筒望远镜，用两个并排的小望远镜组成，用于剧院观赏节目；二是双筒望远镜，它比歌剧望远镜复杂，有一套透镜和三棱镜，镜身虽小，但功效较大，多用于军事观察。

扬斯基发明射电望远镜

　　20世纪40年代，借助新兴的无线电和雷达技术，人类探测到了来自宇宙的射电波，从此突破了天文学只能观察天体光波辐射的局面，一门和光学天文学并行的射电天文学诞生了。从20世纪60年代起，随着航天技术的发展，人类终于冲出地球，到天上去观测和研究在地面上接收不到的X射线、远红外辐射、紫外辐射的 γ 射线，从而发现了一系列前所未知的新天象，使天文学进入了新的时代。

射电探测技术的开创者，是美国无线电工程师扬斯基（1905—1950）。他1928年大学毕业后来到贝尔电话实验室，研究短波无线电通讯技术。他研制了专门的接收机和天线阵。1931至1932年间，扬斯基发现了一种很低又很稳定的噪声，与雷雨时放电的霹雳声迥然不同。这种"射电噪声"具有方向性，随地球的自转而在天空中运动。经过长时间的观测，他于1933年发表论文指出，这种"射电噪声"来源于太阳系之外，很可能来自银河系中心。

这一重要发现，为射电天文学史写下了开创性的篇章。

1937年，美国业余天文学家雷伯，对扬

斯基的发现产生了兴趣。他在自己住宅的后院建造了一个直径为9.45米的抛物面天线，配上接收机，建成第一台射电望远镜（又称无线电望远镜）。他在波长1.87米处进行观测，果然探测到来自银河系中心的射电波，并描绘出银河系的射电图，同时还测到了太阳的射电辐射，证实了扬斯基的发现。

射电天文学是通过接收天体的无线电波来研究天文现象的一门学科。它突出了以无线电接收技术为主的观测手段，观测的对象遍及整个宇宙，可探测到以往凭光学手段所看不到的地方。射电天文学的基础是射电望远镜。称它为"望远镜"，是因为它与光学望远镜一样，可以观测遥远的天体。但其工作原理和结构，实际上是无线电接收设备。

第二次世界大战期间，各国都忙于发展军事上的雷达技术，而忽略了天文学方面的研究。直到第二次世界大战结束，才开始投入到对射电天文的研究，并把先进的雷达技术应用于天文观测，从而揭开了射电天文学发展的序幕。

在射电天文学的发展初期，观测手段是以大中型单天线射电望远镜和各种干涉仪器为主。扬斯基当年用以首次发现银河系射电波的天线，是一个长30.5米、高3.66米的可旋转的倒V形天线，与现在的射电望远镜相差不多。雷伯1937年首创的抛物面型（或称碟式）反射天线，是第一架现代型的射电望远镜。此后，科学家们陆续开始建造大口径的射电望远镜。英国于1946年建成直径为66.5米的固定抛物面射电望远镜，又于1955年建成当时世界上最大的直径为76米的可旋转抛物面射电望远镜。与此同时，澳大利亚、荷兰、加拿大、美国、原苏联等国也竞相建成大小不同、形状各异的天线。这些射电望远镜的相继建成和投入使用，使射电天文学在现代科学研究中发挥出不可替代的重要作用。当今，最大的全动抛物面式射电望远镜在德国（100米），美国建在阿雷西博的固定式球面射电望远镜，以其300米直径而居世界之首。

在射电天文学的初期，它的观测对象主要是太阳系内天体及一些强射电源，以单天线接收来自地球之外的射电信号。由于受单天线望远镜分辨率的限制，很难定出天体的精确位置，此外，受地球大气的限制，分辨率也较差。

现代射电天文观测手段，是以综合孔径射电望远镜，或基线干涉仪和射电天文谱线等技术为标志的。1960年，赖尔率先完成了天线最大变距为1.6千米的综合孔径射电望远镜；1962年，赖尔等人又建成了超综合孔径射电望远镜，这对射电天文观测技术的发展是一项重大突破。赖尔本人也由于这项成就而荣获1974年诺贝尔物理学奖。

目前，世界上已有10余台大中型综合孔径射电望远镜。其中最大的是美国的甚大天线阵（VLA），其次是荷兰的韦斯特博克阵。我国于1984年在北京密云建成了一台米波综合孔径望远镜，由28个9米直径的抛物面天线组成，在东西向呈"一"字形排列，最长间距为1.164米，主要用于寻天、编制射电源表、新发现源的分类计数、米波变源的搜索以及太阳米波高分辨率快速现象的实测研究等。

射电天文学诞生至今不过60年，但它的进展却很迅猛，并在天文观测上取得了重大成就。随着射电天文观测手段的不断改进和提高，它在天文研究中将会继续作出新的贡献。

下篇 显微镜发明的故事

透镜史话

在很久以前，世上还没有光学仪器的时候，一位生物学家在研究微小植物的叶脉时，遇到了困难。

一个夏天的早晨，这位生物学家漫步来到树丛中观察植物在晨光照耀下的状态，看见那吐出嫩叶的生命，含苞待放的花朵，清纯的雨露和阳光，这一切都使他陶醉在绚丽多彩的绿色海洋里。

突然，他被一片小小的嫩叶上面的露珠所吸引。当他透过绿叶上的露珠看叶片时，这部分的叶面被放大了，叶脉图案清晰地映入他的眼帘。他惊奇地发现，露珠有放大物象的作用。

科学家根据这个宝贵的发现，进一步又做了其他试验：把透明的宝石抛光成曲面罩在字迹上，字迹可以被放大；盛了水的玻璃球，也有同样的作用。

罗马哲学家塞涅卡（前4—前65）在他的著作里记载了一个民间广为流传的故事：希腊科学家阿基米德（前287—前212）在他

的家乡西西里岛被罗马舰队侵犯的时候，用了一种"燃烧玻璃"（实际上是一种透镜状的玻璃球），把太阳光聚射到敌舰船的风帆上，使风帆吸收大量的太阳光而变热燃烧起来，烧毁了罗马舰船，使罗马舰队以失败而告终。

当然，现在利用透镜取火的事例已屡见不鲜了。孩子们用爷爷奶奶的老花眼镜对着太阳聚焦，可以点燃手中的纸屑；世界各地大型运动会的火炬，也是用曲面金属或曲面玻璃镜采集火种的。

但是在古代，玻璃是一种很稀罕的物质，要制造透明度很高的玻璃球，更是一件很困难的事。

1900多年以前，罗马学者普里尼在他的巨著《自然史》中，记叙了一个有趣的故事：一艘罗马帝国的船只装满了苏打（碳酸钠）。一天，船在海洋中航行时，飓风突起，船被迫在海湾里停泊，船员们走上岸去，准备架起炉灶烧火烤衣服、做饭吃。谁知在一望无际的海滩上，连一块石头也没有，全是石英砂粒。用什么来架锅做饭呢？一个水手突然想起船上有不少像石头一样的苏打块，于是，大家动手搬来放在沙滩上作为支锅的石头。饭锅架好了，点燃柴枝做饭。过了不久，饭煮熟了，衣服也烤干了，大家也吃过饭了。当休息片刻后船员们去搬苏打块回船上时，奇迹出现了：炉灰中竟有一些闪亮的小球珠——这就是世界上第一次见到的玻璃球。它是由海滩上的石英砂（二氧化硅）和苏打（碳酸钠）受热后化合而成的物质。

据考证，虽然罗马人约在2000年前就使用放大透镜，但玻璃透镜是在13世纪诞生的。

然而，古时候人类烧制的玻璃球多半不够透明，颜色深，也不太圆。

在18世纪，一位法国地质学家偶然发现了一个埋藏在里维山岩洞里的墓穴，里面葬着3400多年前的一位埃及女王，墓中随葬物品很多，最值得研究的是少妇脖子上挂着的一串玻璃珠球，它呈墨绿色，形状不规则，多为椭圆形，反光不太强。

科学家们认为，由于当时烧制玻璃的温度还达不到要求，原料不够纯，杂质过多，因而无法烧出晶莹剔透、无色浑圆的玻璃珠球。

在欧洲的克利岛和小亚细亚，曾出土过粗糙的透镜，它们的诞生年代，可以溯源到公元前2000年。

13世纪，英国的学者罗伯特·格罗西泰

斯特（1175—1253）和他的学生罗杰·培根（1220—1292）在观察光线通过玻璃球时，不知道光发生了什么变化，只发现物体被放大了。

从此，培根用透镜放大书页上的文字，帮助自己阅读。

大约在1300年前，意大利人开始使用眼镜。最初的眼镜是用双凸镜制成的。它能放大物体，对老年人尤其有用。

后来人们又制造出双凹镜，即两个表面向里凹，边缘厚而中央薄。通过它看物体似乎变小了。这种透镜可以帮助人们纠正近视（即近视眼镜片）。

自16世纪以来，眼镜制造成了一项重要的行业。尤其是望远镜发明者汉斯的故乡荷兰，眼镜制造业最为发达。他们不仅能够制造双凸透镜或双凹透镜，还能够制造一面凸一面凹的透镜，手工精巧，成为了名副其实的眼镜制造王国。

魔镜的诞生

16世纪后半叶，荷兰眼镜制造商查里艾斯·詹森（1580—1683）是一位高明的玻璃透镜专家。他不仅会磨透镜，而且也善于研究使用透镜。1590年，他偶然将两个不同的透镜重叠起来，当两个透镜之间的距离适当的时候，看到实物被放大了很多。这在当时来说，简直是一个奇迹，人们把它称为"魔镜"。

詹森把两块透镜装在两个不同口径的铁筒里，使一大一小的铁筒互相套合起来，小的铁筒可以在大铁筒内滑动，以调整透镜之间的距离，还用第三个更大的铁筒将那两个铁筒套住——这就是"复式显微镜"的雏形。这台具有划时代意义的显微镜，现在仍保存在荷兰东兰德省科学博物院里。

1605年，詹森又用镀金铜片做套筒，并用生铜铸造海豚的蹲像作为支架的装饰，做了一台更加精致的"魔镜"，可以把物体放得更大一些。

初期的"魔镜"主要用来观察昆虫。小小的昆虫在"魔镜"下面，跳蚤的爪子竟变成像猛兽般的利爪，连细小的绒毛也变得像缆绳一样粗。伽利略于1610年曾用"魔镜"研究过昆虫的生理解剖结构。

"魔镜"又称为"光镜",它的年龄要比望远镜（1610年诞生）大20来岁。但正式被命名为"显微镜",是在1625年从意大利叫开的。是什么原因令人们冷淡地看待这种仪器呢?因为它问世之后,不像望远镜那样很快在科学上作出重大发现,它的作用和功能还未被人们所知,从发明到广泛使用,中间有一段较长的时间。

有一天,一位教师使用詹森制造的显微镜观看一滴污水,获得了人类前所未有的新发现。他竟然看到了水中有许多"活"的东西,正在做各种各样的运动。这些东西平时用肉眼是看不见的。这些新发现的"小东西",就是现在大家已经熟悉的细菌和微生物。后来,生物学家们证实:这些物质对于人类是十分重要的,如发酵、酿酒、制药等都离不开它们;但它们又会不断地给人类制造灾祸，如令食物腐烂和传染疾病，甚至造成人畜死亡。

从此，人类开阔了眼界，知道宇宙间除人们熟悉的日常生活的世界外，有遥远的天体世界，还有另一个微观世界，需要人类去认识它，揭开它的奥秘。

1625年，塞鲁蒂第一个发表了他用显微镜对各种蜜蜂所作的观察成果。他在著作中所介绍的有关蜜蜂的形态和结构，比以前那些养蜂专家和生物学家所描述的要详尽得多，因而引起了学术界的极大兴趣，认识到显微镜在科学研究中的巨大作用。

17世纪后半叶，对显微镜的研制得到了较快的发展，它也逐渐被应用到生物学和医学的研究方面。1665年，英国物理学家弗克（1635—1703）对显微镜作了改进，用它观察了植物的细胞和昆虫等，并正式出版了他的《显微图志》一书。他在书里汇集了对荨麻叶片、虱子的解剖及昆虫的眼睛等观察到的精细图片。他第一次描述了软木（栎树皮）和其他植物组织中存在的蜂窝状的"小室"，称之为"细胞"。这是人类发现细胞结构的第一个证据。

同年，意大利解剖学家马尔皮基研制了一台较好的显微镜，用来观察肾和脾的切片，发现了肾小球和脾脏的淋巴团。

弗克制造的显微镜比较精细，在精巧装饰的镜筒两端，装有一个简单的物镜和一个目镜透镜，照明装置是使用蜡烛或酒精灯。这种显微镜的放大倍率为30—40倍，在技术上已经显示出一定程度的完备性。

弗克对细胞的发现，使生物学家知道世界上一切有生命的东西都是由细胞所组成的。于是，人们开始探索各种细胞的构造和功用，寻求对微观世界奥秘的新认识。

依靠光学显微镜的帮助，人们逐渐找到了疾病发生的原因，知道了鼠疫、霍乱、痢疾、白喉、麻风以至皮肤上的疮疖等，都是由细菌的作用引起的。在找到这些杀人的凶手后，人们便致力研究对付的办法，从而大大增强了人类预防疾病和治疗疾病的能力，拯救了千千万万人的宝贵生命。

光学显微镜还被广泛地应用到工业、农业、科学和教育等各个方面，成为人类认识自然和改造自然的有力工具。例如铁和钢的秘密，在显微镜下，铁是由白色的纯铁粒子组成的，而钢是由两种形状不同的铁粒子和碳粒子组成的，即是铁和碳的化合物。可见，显微镜又能为人们研究金属的构成提供科学的手段。

列文虎克与显微镜

列文虎克（1632—1723）生于荷兰德尔夫特。小时候，他的家境贫寒，16岁开始当学徒，6年后自己开了一家小商店。他没有受过任何正规教育，但他从小勤奋好学，善于观察和研究事物，对大自然很感兴趣。青年时代，他学会了用玻璃制造透镜。1675年，他开始制作显微镜，并用于观察研究微观世界。

1704年，在列文虎克72岁时，发表了他一生研制显微镜所取得成果的著作。据统计，他一生共制造了247台显微镜和172个镜头；他为荷兰皇家学会装备了一个包括26台显微仪器的实验室，在开拓和研制显微镜方面功不可没。

列文虎克对显微镜研制的贡献在于，他不仅能磨制各式各样的优质透镜，还精心研制出一种曲率很大的小型显微镜。这种显微镜由两片连接很紧的铜板或银板组成，在两块金属板的开口孔之间装有一个很小的大曲率透镜，透镜的焦距在1毫米以下。观察时把物体放在针尖上，针尖用两个螺旋调节聚焦，眼睛紧贴对光观察。它看似很简单，但放大率为240—280倍，能分辨1/700毫米的精细物体。在17—18世纪里，其他人制造的显

微镜都没有　个能够超过它。

列文虎克用他的显微镜探索了许多领域，并取得了重大的突破：

1668年，他用显微镜证实了意大利马尔比基关于毛细血管的发现。

1674年，他观察了鱼、蛙、鸟类的卵形红细胞和人类及其他动物的红细胞。

1675年，他发现了青蛙内脏中寄生的原生动物，在当时的生物界引起了震动。

1677年，他描述了哈姆雷发现的动物精子，并证实了精子对胚胎发育的重要性。

1683年，他发现了细菌。他从一位老人的牙缝中取出一些牙垢，放到显微镜下面观看，发现有的细菌像火柴棍，有的像小球，有的细菌边上还长着绒毛在不停地游来游去。他的发现引起了人们莫大的兴趣。很多人都想通过他的显微镜看一下那个细菌的新世界，以饱眼福，甚至连荷兰女王也不例外。

与列文虎克同一时代人，如意大利的马尔比基（1628—1694）、英国的格鲁（1628—1712）等，他们在研制显微镜的技术方面，也有其独到之处。但是在列文虎克以后的100多年间，显微镜的研究却再没有取得多大进展。

显微镜同望远镜一样，也同样存在色差问题。在显微镜下，本来是一个无色的薄片，却出现了各种颜色，使人们不能准确地观察那些微小的物质，甚至还会产生一些误解。

不久，瑞典物理学家克林根施蒂仑（1698—1765）研制了一种无色差的镜片，但未能达到实际应用的程度。

1757年，英国数学家多兰德（1706—1761），采用了数学家霍尔在1722年所发表

的球面差计算方法，改进并纠正了显微镜上
各透镜的曲度，从而制出了第一台几乎没有
色差的显微镜。

蔡斯公司的兴起

攻克显微镜的色差问题，是当时光学专家的主要课题。

1816年和1824年，意大利光学专家恩米西、塞法列，分别制成了无色差的显微镜，但均由于放大率太低而没有引起人们的重视。

1838年，德国植物学家希莱登用显微镜

发现了新鲜的植物细胞。第二年，德国动物学家希旺又发现了动物的新鲜细胞，从而为生物学、医学的发展打下了基础。

19世纪中期，德国耶那大学机械系的一个普通工人蔡斯，看到当时科学研究、生产部门、学校、医院等对显微镜的需求量很大，从而产生了制造显微镜的浓厚兴趣。他于1846年离开耶那大学，集资专门经营显微镜制造业，在莱比锡设立了一个小型工厂。后来，耶那大学物理教授阿伯和该校的玻璃技师肖特博士也加入进来，共同办起了蔡斯公司。由于蔡斯本人懂点机械，物理教授懂光学，玻璃技师会磨制透镜，他们三人齐心合力，使制造显微镜的事业兴旺发达，规模也一天天大起来。从此，蔡斯公司所生产的显微镜，以质量高、效果好、功能多样而闻名遐迩，在全球打开了销路。至今它仍然是世界上有名气的光学仪器公司之一。

物理学教授阿伯在蔡斯公司工作期间，对研制显微镜的透镜作出了巨大的贡献。他于1878年制成数值孔径大于1.0的第一个油浸物镜，又在1883年制成了可矫正3种色彩的复消色差物镜，使显微镜的分辨能力大大提高，促成了生物学和医学上一系列的重要发现。例如，人们通过显微镜看到了细胞分裂（无性生殖）的过程，进一步搞清楚了有性生殖是雄性细胞核与雌性细胞核的结合，认识到细胞核是遗传物质的基础等。

俄国制造的显微镜，首先是由俄罗斯伟大科学家罗蒙诺索夫（1711—1765）创始的。罗蒙诺索夫于18世纪中期从欧洲留学回国以后，领导光学仪器制造所研制出了第一台俄国自己的显微镜。

从1590年第一台显微镜诞生至今，已

经历了400多年历史。显微镜的质量越来越好，种类也越来越多。这个家族可分为下列几大类型：

单式显微镜：它的光学组合比较简单，由一个或数个简单的透镜组成，放大倍数比较低。扩大镜是最简单的显微镜，常用的有三脚式扩大镜、折叠式袖珍扩大镜、罩眼扩大镜、手持式扩大镜等。

最初，三脚和罩眼扩大镜多用在绘像和修理钟表上，折叠式和手持式扩大镜则多用于生物学、矿物学、岩石学标本的观察、看图等。日本推出了一种安装在钢笔上的小型扩大镜，可以放大50倍，用来观察细小的物质和结构，携带方便，不易损坏。

复式显微镜，就是普通光学显微镜，主要用于观察细胞、病菌、微生物结构、组织、成分等，它能将人类的活细胞放大超过

200倍。

　　此外，还有电子显微镜、生物显微镜、全相显微镜、岩相显微镜、偏光显微镜和量度、工具显微镜等。

冰洲石和偏光镜

　　冰岛是北欧的游览胜地。它是一个由火山熔岩构成的小岛，到处都是黑色的火山岩石。这些熔岩里有许多矿石，如人们喜爱的玛瑙、晶莹透明的冰洲石等。

　　1830年的夏天，一个天气晴朗的日子，一艘旅游船又抵达冰岛了，游客们纷纷上岸游玩。一个金色头发的男孩，看见地上有一块无色透明的有点像玻璃的石头，便拾了起来，拿在手上玩，但一不留神把石头掉在地上，摔成好些碎块。他的父母看见这些破碎的石头都惊讶起来，原来这些碎块都是同形状的菱形体，只是大小不同罢了。他们好奇地把碎石块拾起来放在衣袋里。

傍晚他们回到住地，那位小朋友兴奋地观赏那些晶莹透明的小碎石，当他拿了一小块碎石罩在报纸上看时，突然间雀跃起来，大声地喊道："爸爸你看，一个字变成两个字了，真奇怪！"

他父亲一看，也感到惊讶诧异！

这位父亲是个细心的人，而且具有一定的光学知识。他在白纸上面用钢笔点了一个圆点，把透明矿石罩在这个黑点上，看见一个黑点变成了两个黑点，转动矿石时，一个黑点在原处不动，另一个黑点却绕着那个黑点转动。

因此他认定，这种矿石在光学上很有价值。由于这种矿石是他们在冰岛上发现的，故取名为冰洲石。

其实，这种矿石到处都有，它的化学成分是碳酸钙。在矿物学上，这种晶莹透明、结晶完整的晶体叫做冰洲石，而它的通称则叫方解石。

冰洲石不仅晶莹可爱，而且具有上述奇特的性能，因此在制造光学仪器上有其特殊的用途。透过它观察纸面上的一个点或一条线，会变成两个点或两条线。这在光学上称为"双折射"现象。其原因是一束光线射入晶体后，由于矿物各方向的光学性质不同，故分解成不同性质的两条光线。

利用冰洲石的双折射和偏光性能，可以制造偏光显微镜、旋光测糖计、光度计、电

影机中偏光棱镜、大屏幕显示仪、化学分析
比色计以及天文望远镜等。

1841年，英国物理学家尼柯尔（1768—
1851）用冰洲石做了一个有名的光学实验。
他把冰洲石切割成长方形，然后沿对角线再
剖开，并把剖开的面磨成很平很平的平面，
再用树胶把剖开的两块黏合起来，用一束光
射入这个经切割又黏合的晶体内。结果发
现：当光射入晶体时，产生了两束光（双折
射），当两条光线经过树胶时，其中有一条
光线通过去了，另一条光就通不过而发生折
射。通过去的那条光也改变了原来的性质，
变成了偏光。

这个实验很重要，是制造偏光显微镜的
理论基础。后来，尼柯尔根据实验的结果，
把冰洲石制成显微镜上的棱镜，人们称它为
尼柯尔棱镜，也就是现在的偏光镜。

　　偏光显微镜，就是在普通显微镜的基础上，再装入上、下两个偏光镜而制成的。即在载物台的下方装入一个下偏光镜，在镜筒上装入一个上偏光镜，再加上聚光镜，就成为偏光显微镜。

　　偏光显微镜，通常用来观察矿物和岩石。地质科学家们把矿物、岩石标本磨成很薄很薄（约厚0.03毫米）的薄片，当光通过薄片时，就能分辨出它的物质组成和结构特征。

　　偏光显微镜的类型很多，但基本构造相似。国产的有苏州光学仪器厂出产的XPA型偏光显微镜。世界上历史悠久、光学性能良好的偏光显微镜，要数德国的莱兹型偏光显微镜。

电子显微镜的诞生

　　早在 1 8 7 4 年，德国光学专家阿贝（1840—1905）提出了光学显微镜分辨能力极限的问题。他指出，想通过光学显微镜来观察比0.2微米还小的物质结构，显然是徒劳的。光学显微镜的最高放大倍率为5 000倍。它虽然开阔了人们的眼界，在某些领域发挥了巨大的作用，但由于它的分辨能力的限

制，以至于仍然未能深入到神秘的微观世界
中去。

从20世纪30年代起，显微镜的研制出
现了重大突破，电子显微镜诞生了。最早的
电子显微镜是德国人拉斯卡（1906—？）在
1931年发明的。1926年，德国实验物理学家
布什发表了关于电子在磁场中运动轨迹的实
验结果，说明电子光学系统也遵循几何光学
定律，从而奠定了电子光学的理论基础。此
后，在德国柏林，由克诺尔领导的一个专家
小组（其中有拉斯卡）从1928年开始应用这
一理论进行研制工作。

利用电子的波动性制成的显微镜，称为
"电子显微镜"。

电子显微镜的发明和不断发展，打破了
光学显微镜分辨能力的限制。一根头发，放
在电子显微镜下，可以放大80万倍，就像一

根粗大的柱子一样。这是光学显微镜无可比拟的。电子显微镜为微观世界的研究和现代科学技术的发展，开辟了广阔的道路。

世界五千年科技故事丛书

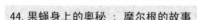